Mohammad Tariqul Islam
Amal Azri Bin Juraime

Comunicações sem fios da Geração Futura (5G)

Mohammad Tariqul Islam
Amal Azri Bin Juraime

Comunicações sem fios da Geração Futura (5G)

Projeto e Caracterização de Antenas de Patch de Microfita

ScienciaScripts

Imprint
Any brand names and product names mentioned in this book are subject to trademark, brand or patent protection and are trademarks or registered trademarks of their respective holders. The use of brand names, product names, common names, trade names, product descriptions etc. even without a particular marking in this work is in no way to be construed to mean that such names may be regarded as unrestricted in respect of trademark and brand protection legislation and could thus be used by anyone.

Cover image: www.ingimage.com

This book is a translation from the original published under ISBN 978-620-2-05975-6.

Publisher:
Sciencia Scripts
is a trademark of
Dodo Books Indian Ocean Ltd. and OmniScriptum S.R.L publishing group

120 High Road, East Finchley, London, N2 9ED, United Kingdom
Str. Armeneasca 28/1, office 1, Chisinau MD-2012, Republic of Moldova, Europe
Printed at: see last page
ISBN: 978-620-7-90329-0

RESUMO

Diz-se que as antenas da quarta geração (4G) não são suficientes para a nova geração de comunicações móveis - a quinta geração (5G). Com o progresso contínuo das comunicações sem fios, os dispositivos tornam-se cada vez mais compactos. É necessário desenvolver e simular uma antena compacta para satisfazer os requisitos do 5G, que permitem uma maior capacidade, mais conetividade, maior fiabilidade e uma aplicação mais vasta. Devem ser tidos em conta alguns factores essenciais, como a leveza, a facilidade de fabrico, o baixo custo, o baixo perfil e a robustez. Propõe-se uma antena de microfita retangular com substrato de FR-4. O comprimento do substrato, $Ls = 20{,}83$ mm, enquanto a largura do substrato é $Ws = 24{,}63$ mm. A antena tem comprimento, $L = 11{,}34$ mm e largura, $W = 15{,}21$ mm. A linha de microfita tem Lf = 5,96 mm e a largura Wf = 1,5 mm. A altura da placa e do plano de terra é de 0,035 mm e a altura do substrato é de 1,5 mm. O patch e o plano de terra são feitos de cobre. A antena é proposta utilizando uma técnica de ligação à terra parcial e uma abertura. A antena é alimentada com uma impedância de entrada simples de 50 Ω. A antena é simulada com o software CST Microwave Studio, sendo depois fabricada e analisada. A antena funciona a uma frequência de ressonância de 6,0 GHz com uma largura de banda de 300 MHz. O ganho da antena é superior a 2,01 dBi e a eficiência é superior a 50%. A antena tem um padrão de radiação omnidirecional.

ÍNDICE DE CONTEÚDOS

LISTA DE ABREVIATURAS

1G	First Generation of Mobile Communication
2G	Second Generation of Mobile Communication
3G	Third Generation of Mobile Communication
4G	Fourth Generation of Mobile Communication
5G	Fifth Generation of Mobile Communication
NTT	Nippon Telephone and Telegraph
AMPS	Advanced Mobile Phone System
TDMA	Time Division Multiple Access
CDMA	Code Division Multiple Access
GSM	Global System of Mobile Communication
ITU	International Telecommunication Union
3GPP	3rd Generation Partnership Project
IP	Internet Protocol
PIFA	Planar Inverted-F Antenna
SAR	Specific Absorption Rate
Hz	Hertz
VSWR	Voltage Standing Wave Ratio
CST	Computer Simulation Technology

CAPÍTULO 1

INTRODUÇÃO

1.1   ANTECEDENTES DA INVESTIGAÇÃO

A quinta geração (5G) de comunicações sem fios é a rede mais inteligente que interliga o mundo inteiro. As tecnologias permitem a utilização de telemóveis com uma largura de banda muito elevada e devem ser baseadas no modelo IP para as tecnologias de acesso sem fios. A 5G terá de utilizar bandas de espetro de frequências muito mais elevadas e muitas características avançadas que fazem da 5G uma tecnologia de comunicação com enorme procura num futuro próximo. Na próxima geração, diz-se que o sistema sem fios funcionará na frequência da banda C, que é de 6 GHz e superior.

A antena é muito importante na comunicação sem fios, uma vez que funciona como meio de ligação entre as pessoas. A antena é um dispositivo metálico para enviar ou receber ondas electromagnéticas, como as ondas de rádio. A antena é utilizada em telemóveis, satélites, radares, etc. A antena varia em muitos aspectos, consoante o tipo e a conceção da antena. Algumas antenas são concebidas para funcionar apenas numa série de direcções e outras podem enviar ou receber ondas de todas as direcções. Há parâmetros e problemas que devem ser considerados aquando da conceção de uma antena. Em frequências inferiores a 3 GHz, são utilizados vários tipos de antenas e, para uma rede de frequências mais elevadas, foram efectuados alguns trabalhos e investigações, mas apenas uma pequena quantidade é adequada para publicação. O mundo está a tornar-se mais pequeno com o progresso contínuo das comunicações sem fios, ao mesmo tempo que os dispositivos se tornam cada vez mais compactos. Nos telemóveis, a área de antena disponível é ainda mais reduzida devido ao número crescente de sensores, módulos de câmara, altifalantes, unidade de microfone e outros.

Existem muitos tipos de antenas compactas no domínio das comunicações, como a antena dipolo, a antena de microfita e a antena plana. A antena de microfita está a receber mais atenção para ser utilizada em dispositivos portáteis, uma vez que é fácil de fabricar, tem uma estrutura simples, um volume pequeno e um custo de fabrico reduzido. Cada antena tem as suas próprias características e parâmetros, como o ganho, a largura de banda, a directividade, o padrão de radiação, etc.

Um dos factores cruciais para fabricar uma antena pequena e compacta é o tipo de material utilizado, denominado substrato. O substrato tem uma constante dieléctrica que desempenha um papel fundamental no desenvolvimento da antena, uma vez que pode afetar o tamanho, a forma e a eficiência da própria antena. Atualmente, existem muitos substratos no domínio das comunicações e, com certeza, não estão a ser utilizados apenas para antenas, mas são sobretudo utilizados para antenas. Para criar uma boa antena, a escolha de um substrato bom e adequado também é importante. Neste projeto, a ideia principal é desenvolver uma antena compacta que funcione em 5G, especificamente a 6 GHz e acima, com a utilização de substrato de material adequado.

1.2   DECLARAÇÃO DO PROBLEMA

Diz-se que a antena da quarta geração (4G) não é suficiente para a nova geração de comunicações móveis - quinta geração (5G) - que se concentra mais em fornecer um espetro de largura de banda mais elevado aos utilizadores. A antena precisa de ser desenvolvida e simulada para satisfazer os requisitos do 5G, que permitem uma maior capacidade, mais conetividade, maior fiabilidade, menor latência e maior aplicação.

O mundo está a tornar-se mais pequeno com o progresso contínuo das comunicações sem fios e, ao mesmo tempo, os dispositivos também se tornam compactos de dia para dia. Os engenheiros estão a enfrentar desafios para acomodar dados a alta velocidade com dispositivos sem fios compactos. Alguns factores-chave, como a leveza, a facilidade de fabrico, o baixo custo, o baixo perfil e a robustez, devem ser considerados para introduzir um novo material de conceção de antenas. A escolha de um material adequado para a conceção da antena é o objetivo deste projeto.

1.3   OBJECTIVO

Os objectivos do estudo são:

1) Estudar os parâmetros da antena 5G, tais como gamas de frequência, largura de banda, padrão de radiação e ganho
2) Conceber e desenvolver uma antena compacta para o sistema de comunicação 5G
3) Analisar a antena microstrip patch para o sistema de comunicação 5G

1.4   ÂMBITO DA INVESTIGAÇÃO

O âmbito desta investigação inclui:

1) Identificar as características do sistema de comunicação 5G

2) Seleção do material adequado para a conceção da antena

3) Conceber a antena de microfita que satisfaça as características do sistema de comunicação 5G utilizando um software de simulação de micro-ondas

4) Fabricar a antena projectada.

5) Analisar a simulação e o resultado medido para se certificar de que é adequado para a aplicação pretendida.

CAPÍTULO 2

REVISÃO DA LITERATURA

2.1 INTRODUÇÃO

Este capítulo inclui a revisão da literatura sobre o projeto. A evolução das comunicações móveis para 5G é discutida em pormenor. Além disso, o conceito e os parâmetros da antena são também abordados mais adiante neste capítulo. Por último, é apresentada uma discussão exaustiva sobre o material do substrato.

2.2 QUINTA GERAÇÃO DE COMUNICAÇÕES MÓVEIS (5G)

O mundo das comunicações móveis está a crescer rapidamente. Partindo da primeira geração, no início dos anos 90, as comunicações móveis estão agora a aproximar-se da quinta geração, a 5G. A primeira geração (1G) de comunicações móveis diz respeito principalmente ao sistema analógico, como a voz móvel. Em 1979, o primeiro sistema celular foi lançado pela Nippon Telephone and Telegraph (NTT) em Tóquio, no Japão. Pankaj Sharma (2013) afirma no seu jornal que, nos Estados Unidos, o sistema avançado de telefonia móvel (AMPS) foi lançado em 1982. Seguiu-se a segunda geração (2G) de comunicações móveis, que introduziu capacidade e cobertura no final da década de 1980. O sistema 2G utiliza a tecnologia de acesso múltiplo digital, como o TDMA e o CDMA. A 2G proporciona uma maior eficiência do espetro, melhores serviços de dados e roaming mais avançado. Pankaj Sharma (2013) refere na sua revista que o primeiro sistema digital foi introduzido em 1991, o IS-54 - North America TDMA Digital Cellular-. A comunicação 2G está associada aos serviços móveis GSM.

A comunicação móvel está então a ser introduzida na terceira geração (3G), que proporciona maior velocidade de dados para experiências de banda larga móvel. Pankaj Sharma (2013), no seu jornal, afirmou que as normas para o desenvolvimento da rede eram distintas para várias partes do mundo. O sistema 3G não é um sistema único, é uma família de normas que funcionam em conjunto num sistema. IMT-2000 é o nome da 3G da ITU-T, enquanto CDMA2000 é o nome da 3G americana. Pouco tempo depois, surge a quarta geração (4G), que dá acesso a uma vasta gama de serviços de telecomunicações. Pankaj Sharma (2013) afirma que, nos serviços 4G, os terminais dos utilizadores, normalmente multimodo, podem selecionar os sistemas sem fios pretendidos. O 3GPP estabeleceu as bases das futuras normas avançadas LTE (Long-Term Evolution), que é o sistema que funcionará em 4G. No entanto, com a explosão de dispositivos e serviços móveis sem fios, há alguns desafios que a 4G ainda não consegue superar, como a crise do espetro e o elevado consumo de energia.

A quinta geração (5G) é a rede mais inteligente que interliga o mundo inteiro. Alim et al (2016) e Pankaj Sharma (2013), no seu estudo, afirmaram que se espera que as tecnologias 5G sejam todas baseadas no modelo IP e proporcionem a utilização de telemóveis com uma largura de banda muito elevada, que em breve será muito exigente. Isto deve-se ao facto de os consumidores exigirem hoje uma comunicação mais rápida e em qualquer lugar. A Tabela 2.1 compara todas as gerações de comunicações móveis.

Quadro 2.1 Comparação da geração móvel

Technology/ Features	1G	2/2.5G	3G	4G	5G
Start / Deployment	1970/1984	1980/1999	1990/2002	2000/2010	2010/2015
Data Bandwidth	2 kbps	14.4-64 kbps	2 Mbps	200 Mbps – 1 Gbps	1 Gbps and higher
Standards	AMPS	TDMA, CDMA, GSM, GPRS, EDGE	WCDMA, CDMA-2000	Single unified standard	Single unified standard
Technology	Analog cellular technology	Digital cellular technology	Broad bandwidth CDMA, IP technology	Unified IP and seamless combination of broadband, LAN/WAN	Unified IP and seamless combinationof broadband

Fonte : Estudos comparativos sobre as tecnologias sem fios 3G, 4G e 5G www.iosrjournals.org

Numa revista escrita por Fagbohun (2014), afirma-se que no sistema 5G existem duas perspectivas: evolutiva e revolucionária. O ponto de vista evolutivo é que o sistema 5G pode suportar a WWW, permitindo uma rede altamente flexível, como a Dynamic Adhoc Wireless Network (*DAWN*). As tecnologias avançadas, incluindo a antena inteligente, são a chave para otimizar as redes. O ponto de vista revolucionário é que os sistemas 5G seriam uma tecnologia inteligente capaz de interligar o mundo inteiro sem limites, por exemplo, um robot com comunicação sem fios incorporada e inteligência artificial.

Pankaj Sharma (2013) e Fagbohun (2014), na sua investigação, afirmaram que a arquitetura da rede 5G consiste num terminal de utilizador e em várias tecnologias de acesso via rádio (RAT) autónomas e independentes. Dentro de cada um dos terminais, cada uma das tecnologias de acesso via rádio constitui a ligação IP ao mundo exterior da Internet. O sistema móvel 5G é um modelo totalmente baseado no IP para a interoperabilidade das redes móveis e sem fios. Na arquitetura proposta, como na figura 2.1, é introduzido um sistema de controlo que funciona em completa coordenação com o terminal do utilizador e fornece funções de abstração da rede e de encaminhamento de pacotes. Ao mesmo tempo, este sistema de controlo pode determinar a qualidade do serviço para cada tecnologia de transmissão.

Figura 2.1 Arquitetura funcional do sistema 5G

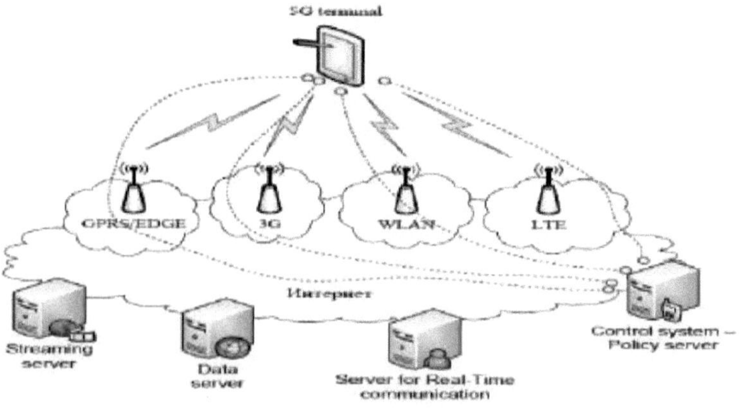

Fonte: Estudos comparativos sobre a tecnologia sem fios 3G, 4G e 5G www.iosrjournals.org

Haraz et al. (2015), na sua investigação, afirmam que, para satisfazer os requisitos do 5G, são necessários novos conceitos e abordagens de conceção. A comunicação móvel de quinta geração terá de utilizar bandas de espetro de frequências muito mais elevadas. A onda milimétrica (mm) é a forma mais promissora de atenuar a falta de espetro em frequências mais baixas e de proporcionar um canal de comunicação com maior largura de banda. Para além da gama de frequências mais elevada, o interesse também se prende com a nova tecnologia de antenas com estrutura dinâmica e desempenho a longo prazo.

2.3 ANTENA NA COMUNICAÇÃO SEM FIOS

A antena é uma das coisas importantes que é necessária para fornecer o sistema de comunicação sem fios. Foram desenvolvidos vários projectos de antenas para o sistema de comunicação sem fios. Kumar et al (2013) afirmaram no seu estudo que as antenas devem ter uma construção simples, uma elevada eficiência de radiação, um volume pequeno e uma correspondência de impedância de baixa perda para que um sistema tenha um desempenho ótimo. A variação do comprimento, da distância e da localização da linha de alimentação afecta o desempenho elétrico da estrutura da antena. Esta necessidade levanta vários desafios de conceção para conseguir um compromisso sensato entre as tecnologias de conceção e os critérios comerciais.

Ali et. al. (2016), no seu estudo, afirmaram que a tecnologia móvel recente utiliza a antena planar de F invertido (PIFA) porque a PIFA tem vantagens em termos de facilidade de fabrico, design simples, peso leve, baixo custo de fabrico e desempenho fiável. É sobretudo concebida para aplicações de telemóveis em diferentes bandas de frequência, incluindo aplicações GSM, 3G, 4G e Wi-Fi. A estrutura PIFA é fácil de esconder no design do telemóvel em comparação com as antenas monopolo e dipolo. A PIFA também reduziu a radiação para trás na direção da cabeça e do corpo do utilizador, minimizando assim a SAR. Kumar et al (2013) afirmaram que a principal vantagem da PIFA é a sua largura de banda estreita, que é necessária em telemóveis e dispositivos portáteis. O desempenho da antena PIFA também depende da posição da antena no plano de terra.

De acordo com o sítio Web sobre a teoria das antenas, existem alguns aspectos básicos que são necessários para a conceção de uma antena, especialmente nas comunicações sem fios. Os aspectos mais básicos são a gama de frequências, o padrão de radiação, o ganho e a directividade da antena, a polarização e a largura de banda. Teoricamente, a frequência é a taxa ou velocidade da onda. Por outras palavras, a frequência é uma medida da rapidez com que a onda está a oscilar. A frequência relaciona-se com o comprimento de onda através da equação $c = f\lambda$, em que c é a velocidade da luz. Assim, quando a frequência aumenta, o comprimento de onda diminui. No que diz respeito à comunicação sem fios, a frequência de micro-ondas é o tipo de frequência mais comprometedor a utilizar, que é uma frequência superelevada numa gama de 3-30 GHz, que se refere à Tabela 2.2.

Tabela 2.2 Tabela do espetro de frequências

Frequency, f	Wavelength. λ	Band	Description
30 – 300 Hz	104 – 103 km	ELF	Extremely Low Frequency
300-3000 Hz	103-102 km	VF	Voice Frequency
3-30 kHz	100-10 km	VLF	Very Low Frequency
30-300 kHz	10 -1 km	LF	Low Frequency
0.3-3 MHz	1-0.1 km	MF	Medium Frequency
3-30 MHz	100- 10 m	HF	High Frequency
30-300 MHz	10-1 m	VHF	Very High Frequency
300-3000 MHz	100-10 cm	UHF	Ultra-High Frequency
3-30 GHz	10-1 cm	SHF	Super high Frequency
30-300 GHz	10-1 mm	EHF	Extremely High Frequency

Fonte: http://www.infocellar.com/networks/wireless/spectrum.htm

O padrão de radiação é o parâmetro que determina o padrão de radiação de energia da antena. O padrão de radiação isotrópica é desejado para a antena de retalho, uma vez que este tipo de radiação emite energia igualmente em todas as direcções. Há também o tipo de radiação anisotrópica que irradia energia em uma direção de foco, mas que não será preferível no patch de microfita. Hong et. al. (2014) afirmaram que as correntes eléctricas na superfície da antena induzem uma interação de campo sob a forma de acoplamento elétrico e magnético, o que afecta a impedância caraterística e a eficiência da antena original. Orban e Moernaut (2000) afirmaram que a eficiência é definida como o rácio entre a potência radiada (Pr) e a potência de entrada (Pi).

O ganho da antena é definido como a directividade da antena vezes um fator que representa a eficiência da radiação. Uma antena sem ganho irradia energia em todas as direcções. Com ganho, a antena concentra a energia num segmento angular definido. O ganho da antena está normalmente relacionado com a directividade da antena. Quanto maior for o ganho da antena, maior será a sua directividade. Hong et. al. (2014) afirmaram que o ganho das antenas omnidireccionais num dispositivo celular se situa normalmente entre -8 e 0 dBi. Esta situação é ditada pela lei da conservação da energia e agravada pelas perdas dieléctricas e pelas restrições de conceção.

A largura de banda é a gama de frequências em que a antena irradia ou recebe energia. A largura de banda é importante neste estudo, uma vez que a largura de banda está sempre relacionada com a taxa de dados. Quanto maior a largura de banda, maior a taxa de dados. A largura de banda é normalmente cotada como VSWR. A polarização é definida como a direção de oscilação do vetor do campo elétrico. Scholz (2010), na sua investigação, afirmou que as comunicações móveis utilizam normalmente uma polarização vertical, enquanto os sistemas de radiodifusão utilizam normalmente uma polarização horizontal. Orban e Moernaut (2000) afirmaram que o patch básico é linearmente polarizado, uma vez que o campo elétrico só varia numa direção. A polarização pode ser vertical ou horizontal, dependendo da orientação do patch. Uma antena de transmissão e receção precisa de ter a mesma polarização para um funcionamento ótimo. Numa antena polarizada circularmente, o campo elétrico varia em dois planos ortogonais (direcções x e y) com a mesma magnitude e uma diferença de fase de 90°.

2.4 PROJECTO DE ANTENA PATCH

O interesse da investigação está no desenvolvimento da antena de microfita para fornecer a comunicação móvel 5G na aplicação de dispositivos portáteis, como telemóveis. Muitas pesquisas afirmam que a antena de patch de microfita é popular no campo da comunicação. Khan (2012) em seu artigo afirmou que a antena patch tem muitas aplicações, especialmente no campo da comunicação sem fio e comunicação por satélite. Além disso, Viswanathan (2014) no seu artigo também afirmou que as antenas de microfita são perfeitas para estas aplicações, uma vez que são pequenas, podem ser ajustadas a superfícies planas e não planas. São também relativamente simples de conceber e de fabrico pouco dispendioso. Antonius (2005) afirma no seu artigo que as antenas de microfita estão a tornar-se populares nas aplicações de comunicações sem fios devido à sua estrutura de baixo perfil, adequada para antenas de dispositivos portáteis como os telemóveis. Sidhu e Sivia (2015) afirmam que as antenas de microfita são amplamente utilizadas na região das frequências de micro-ondas porque são simples e compatíveis com a tecnologia de circuitos impressos, podendo ser fabricadas quer como elementos autónomos quer como matrizes.

David Alvarez et al. (2015), no seu estudo, afirmaram que a microstrip com colocação coplanar de elementos de radiação e rede de alimentação é adequada para ter um elemento funcional com um equilíbrio adequado de desempenho. Eles também disseram que a antena microstrip impressa em substrato Duroid mostrou desempenho satisfatório quando comparada aos projetos tradicionais na tecnologia LTTC. Na revista, Kumar et al (2013) afirmaram que o patch, a ranhura e o stub são utilizados para compensar o desfasamento e, assim, melhorar a caraterística de radiação.

Foram desenvolvidos muitos tipos de antenas de patch no domínio das comunicações. Kumar et al (2013) afirmaram que as variáveis de conceção da antena são o comprimento, a largura, a altura da mancha, o comprimento e a largura, bem como a localização do ponto de alimentação. As alterações na forma do patch estão diretamente relacionadas com a alteração do padrão de radiação, da eficiência da antena e da impedância da antena. No jornal escrito por Rakhi e Sonam (2014), afirma-se que, para uma radiação eficiente, o tamanho da antena de microfita deve $\lambda/2$. Se o tamanho for reduzido para menos de $\lambda/2$, a eficiência de radiação da antena diminui junto com outros parâmetros.

Sidhu e Sivia (2015) e Aamir (2015) afirmam na sua revista que uma antena de microfita simples é constituída por uma mancha condutora, um plano de terra e um meio dielétrico denominado substrato com um determinado valor de constante dieléctrica. A dimensão da mancha é mais pequena do que a do substrato e do plano de massa, como mostra a figura 2.2.

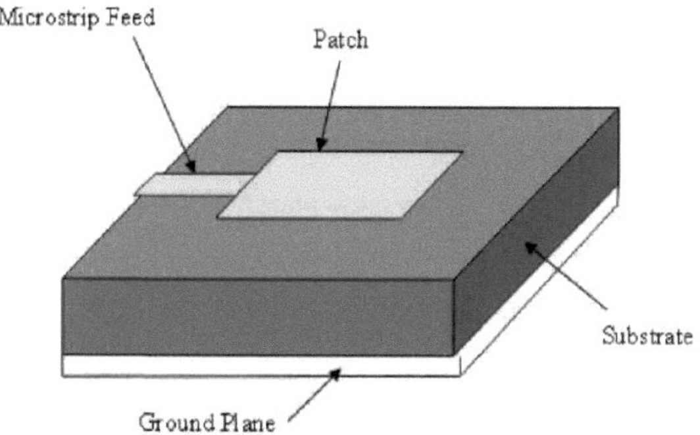

Figura 2.2 Desenho de uma antena de remendo

Fonte: http://electronicsforu.com/technology-trends/microstrip-antenna-applications

A mancha é geralmente feita de material condutor, como cobre ou ouro, e pode assumir qualquer forma possível. As dimensões da antena de microfita dependem da frequência de ressonância e do valor da constante dieléctrica. No entanto, esta configuração conduz a uma antena de maiores dimensões. Antonius (2005) afirmou no seu artigo que, para uma conceção compacta de uma antena de microfita, uma constante dieléctrica mais elevada é menos eficiente e resulta numa largura de banda mais estreita. Para um bom desempenho da antena, é desejável um substrato espesso com uma constante dieléctrica baixa, uma vez que proporciona uma melhor eficiência, maior largura de banda e melhor radiação. Hong et. al. (2014) afirmaram que, nos dispositivos celulares, a área disponível da antena é reduzida pelo número crescente de sensores, módulos de câmara, altifalantes e unidades de microfone que, em geral, incorporam um certo número de estruturas metálicas.

Antonius (2005), no seu artigo, afirma que algumas das vantagens da antena de microfita são a leveza e o baixo volume, o baixo custo de fabrico, o suporte de polarização linear e circular e a capacidade de funcionamento em dupla e tripla frequência. A antena de microstrip apresenta várias desvantagens, como largura de banda estreita, baixa eficiência e ganho. A antena de microfita também tem um fator de alta qualidade (Q) que, em sequência, dá origem a perdas elevadas, largura de banda estreita e baixa eficiência. O fator Q pode ser reduzido aumentando a espessura do substrato dielétrico, mas a fração da potência total aumenta à medida que a espessura aumenta.

Na revista escrita por Rani e Gautam (2012), estes autores afirmaram que as duas principais limitações da antena de remendo são a largura de banda mais estreita e o baixo ganho em comparação com outras antenas de micro-ondas. Para superar essas limitações, muitas técnicas foram propostas, como corte de ranhura no patch, plano de aterramento reduzido, uso de substrato espesso, uso de substrato dielétrico baixo, uso de várias técnicas de alimentação de correspondência de impedância e pilha de vários ressonadores, conforme escrito no jornal Rakhi e Sonam (2014).

David Alvarez et al (2015), na sua investigação, afirmaram que existem três questões fundamentais na conceção de antenas de remendo, sendo a primeira o valor impreciso da permissividade dieléctrica relativa εr. O substrato comercial usado para a fabricação de antenas não indica o valor de εr maior que 10GHz e isso se torna uma questão crítica porque o valor de εr determinará parcialmente a dimensão do patch ao projetar em frequências de ondas milimétricas. Em segundo lugar, a soldadura do conetor ou da linha de alimentação, uma vez que é comummente aceite que a soldadura introduz ruído. Em terceiro lugar, as imprecisões e erros mecânicos de fabrico devem ser considerados como as dimensões mínimas que o processo de fabrico pode atingir.

2.4.1 Forma e dimensões da amostra

A mancha é normalmente quadrada, retangular, circular, triangular, elíptica e dipolo, sendo as formas circulares as mais utilizadas. Mathur e Gupta (2014) afirmaram na sua revista que as manchas mais utilizadas são as rectangulares e as circulares. Também na revista escrita por Swati Shrivastava e Abhinav Bhargava (2014), o patch condutor pode ter qualquer forma, mas as configurações mais utilizadas são rectangulares, quadradas e circulares.

Alguns testes de comparação do efeito de diferentes materiais de substrato utilizados no desempenho dos parâmetros da antena são apresentados de seguida. O teste efectuado por Rakhi e Sonam (2014) comparou as diferentes formas do patch com os parâmetros de desempenho da antena. O teste está a utilizar o substrato FR-4 com εr = 4,1. O resultado é apresentado em

Tabela 2.3.

Tabela 2.3 Perda de retorno e VSWR das diferentes formas de antena

Patch	Return loss (dB)	VSWR
Rectangular	-32.36	1.04
U-slot	-28.93	1.07
E-shape	-19.04	1.25

Fonte: Análise de desempenho de antenas de patch de diferentes formas a 2,45 GHz
IJERTV3IS090101 www.ijert.org Vol. 3 Edição 9, setembro- 2014

Na revista de Swati Shrivastava e Abhinav Bhargava (2014), é efectuada a comparação do desempenho de antenas com formas diferentes. A antena é simulada utilizando o substrato roger ultralow com constante dieléctrica de 2,5 e espessura de 1,57 mm. O resultado é o seguinte **Erro! Fonte de referência não encontrada**. Observa-se que o resultado é melhor quando se utiliza uma antena com ranhuras em comparação com as antenas convencionais.

Tabela 2.4 Comparação de vários parâmetros da antena de microfita retangular, quadrada e circular com e sem ranhura

Antenna	Resonant frequency (Ghz)	Return loss (dB)	Bandwidth (Mhz)	Gain (dBi)
Rectangular (without slots)	5.547	-29.56	183	5.3
Rectangular (with slots)	5.726	-25.34	156	5.2
Square (without slots)	6.364	-25.51	220	6.22
Square (with slots)	6.364	-20.60	220	6.43
Circular (without slots)	6.701	-13.08	60	3.71
Circular (with slots)	6.870	-15.70	244	4.43

Fonte: Um estudo comparativo de diferentes formas de antena de patch com e sem slots 2014
IJEDR | Volume 2, Issue 3 | ISSN: 2321-9939

Mathur e Gupta (2014) também compararam os desempenhos da antena utilizando formas diferentes, como na Tabela 2.5. Todas as antenas usam substrato RT Duroid 5880 com permissividade relativa εr = 2,2. As antenas também têm a mesma correspondência de impedância em 50 Ω e técnica de linha de alimentação de microfita.

Tabela 2.5 Comparação de diferentes formas de antenas de remendo

Parameters of Comparison	Frequency (Ghz)	Return Loss (Db)	Peak Gain	Peak Directivity	Radiation Efficiency
Rectangle	3.5	-7.8	2.7736	2.8101	0.97042
Square	3.5	-11.2	2.60674	2.62241	0.97482
Hexagonal	3.5	-18	2.9877	3.0631	0.9917

Fonte: https://www.researchgate.net/publication/292137565

É demonstrado que a diferença de forma provoca alterações nos parâmetros da antena, mas as alterações são pequenas. Assim, qualquer forma de antena é aceitável.

Khan e Nema (2012) no seu estudo, muitos investigadores afirmam que, para conceber uma antena retangular, as dimensões correspondem à fórmula apresentada a seguir:

Largura (W): a largura da mancha é calculada através da seguinte equação

$$W = \frac{Co}{2fr}\sqrt{\frac{2}{\varepsilon r + 1}}$$

em que, Co: velocidade da luz

er: valor do substrato dielétrico

Comprimento (L): Devido ao campo de franjas, o tamanho da antena é aumentado no valor de ΔL. O aumento efetivo do comprimento (ΔL) da mancha é calculado utilizando a seguinte equação:

$$\frac{\Delta L}{h} = 0.412 \frac{(\varepsilon reff + 0.3)\left(\frac{W}{h} + 0.264\right)}{(\varepsilon reff - 0.258)\left(\frac{W}{h} + 0.8\right)}$$

Onde h = altura do substrato

$$L = \frac{Co}{2fr\sqrt{\varepsilon reff}} - 2\Delta L$$

Comprimento e largura da placa de massa: O comprimento e a largura de um substrato são iguais à placa de massa. O comprimento (Lg) e a largura (Wg) da placa de massa são calculados utilizando as seguintes equações:

$$Lg = 6h + L$$
$$Wg = 6h + W$$

2.4.2 Técnica de alimentação

Na antena de microfita, a técnica de alimentação é importante para a antena. As quatro técnicas mais populares são a linha microstrip, a sonda coaxial, o acoplamento de abertura e o acoplamento de proximidade.

A técnica de alimentação pode ser classificada em duas categorias: com contacto e sem contacto. A linha microstrip é um exemplo de contacto e o acoplamento de campo eletromagnético é um exemplo de não contacto. O tipo de técnica de alimentação utilizado neste estudo é a alimentação por linha microstrip. Rani e Gautam (2012) afirmaram que a antena patch é geralmente alimentada na borda radiante ao longo da largura, pois proporciona uma boa polarização,

No entanto, a antena terá uma radiação espúria e a necessidade de casamento de impedâncias.

Nesta técnica, uma tira condutora é ligada diretamente à extremidade do remendo de microfita, mas de dimensões mais reduzidas. Esta técnica tem a vantagem de a alimentação ser fácil de fabricar e de poder ser colocada no mesmo substrato. No entanto, as ondas de superfície e a radiação espúria da alimentação aumentam à medida que a espessura do substrato aumenta. Este facto prejudica a largura de banda da antena e conduz também a uma radiação de polarização cruzada indesejada. As radiações que viajam do patch em direção ao solo passam através do ar e algumas através do substrato. A Tabela 2.6 compara a técnica de alimentação do patch de microfita.

Quadro 2.6 Comparação da técnica de alimentação

Characteristic	Line feed	Coaxial feed	Aperture feed
Return loss	Less	More	Less
Resonant frequency	More	Less	Least
VSWR	< 1.5	1.4 to 1.8	≈ 2
Polarization	Poor	Poor	Excellent
Ease of fabrication	Simple	Soldering and drilling needed	Alignment required
Reliability	Better	Poor due to soldering	Good
Impedance matching	Easy	Easy	Easy
Bandwidth	2 - 5%	2 - 5%	21%

Fonte: Charles U.Ndujiuba e Adetokunbo O.Oloyede (2015) Seleção da melhor técnica de alimentação de uma antena de remendo retangular para uma aplicação, International Journal of Electromagnetics and Applications

2.5 MATERIAL DO SUBSTRATO

Para um bom desempenho da antena, é desejável um substrato dielétrico espesso com uma constante dieléctrica baixa, uma vez que proporciona uma maior largura de banda, melhor radiação e eficiência. No entanto, isto conduzirá a um tamanho de antena maior. Como Kiran Jain e Keshav Gupta (2014) afirmaram no seu artigo, a redução da permissividade do material dielétrico gera um tamanho de antena maior, mas, em contrapartida, obtém-se uma melhor eficiência e uma maior largura de banda.

Para conceber uma antena de microfita compacta, deve ser utilizada uma constante dieléctrica elevada, o que resultará numa largura de banda mais estreita. Khan e Nema (2012) também afirmaram que a largura de banda da antena de remendo é inversamente proporcional à constante dieléctrica ou à permissividade do material do substrato. Quando se utiliza um substrato de elevada permissividade, é possível obter um ganho de até 10 dBi com uma mancha radiante mais pequena. As perdas condutoras e dieléctricas tornam-se graves para um substrato mais fino, enquanto um substrato mais espesso enfrenta uma perda grave na onda de superfície. A constante dieléctrica efectiva é maior do que a permissividade relativa devido ao efeito de franja, uma vez que não se limita à constante dieléctrica do ar. Os substratos usados na antena de microfita geralmente variam de $2,2 \leq \varepsilon \leq 12$.

Kiran Jain e Keshav Gupta (2014) afirmaram na sua revista que, quando se utiliza um substrato com uma constante dieléctrica mais elevada, o resultado do desempenho da antena é degradado, tal como indicado na Tabela 2.7.

Tabela 2.7 Comparação da variação do material do substrato

SUBSTRATE	ER	GAIN	BANDWIDTH	EFFICIENCY	SIZE REDUCTION
Duroid 6010	10.7	4.02	Minimum	93.51	Lowest
Roger 4350	3.48	4.62	Medium	99.66	Medium
Rt-Duroid	2.2	12.03	Medium	88.64	Medium
Fr-4	4.4	9.8	Medium	99.60	Medium

Fonte: Kiran Jain e Keshav Gupta (22014) Different Substrates Use in Microstrip Patch Antenna-A Survey,www.ijsr.net

Khan e Nema (2012) afirmaram que o FR-4 é um material compósito composto por tecido de fibra de vidro com um aglutinante de resina epóxi que é resistente à chama.

Permissividade efectiva do substrato: Tanto o ar como os substratos têm valores dieléctricos diferentes. O valor é calculado utilizando a seguinte equação:

$$\varepsilon reff = \frac{\varepsilon_r + 1}{2} + \frac{\varepsilon_r - 1}{2}\left[1 + 12\frac{h}{W}\right]^{-\frac{1}{2}}$$

CAPÍTULO 3

METODOLOGIA

3.1 INTRODUÇÃO

Neste capítulo, a metodologia de conceção da antena é discutida em pormenor. As especificações e os parâmetros da antena são obtidos através de uma revisão da literatura para obter a antena adequada que é necessário desenvolver. A partir das dimensões e dos parâmetros obtidos, a antena é então projectada e simulada utilizando o CST microwave studio. O estudo dos parâmetros é efectuado em relação ao comprimento e à largura do remendo e do substrato. A largura da linha de alimentação e a largura do intervalo também foram objeto de estudo de parâmetros. A partir do estudo, obtém-se a dimensão pretendida. As dimensões pretendidas são simuladas. Quando o resultado desejado é obtido, a antena é fabricada para um protótipo. Em seguida, a antena protótipo é analisada utilizando a simulação e os dados medidos. Este projeto é considerado terminado quando a análise é concluída e a antena pode ser utilizada para aplicações do sistema de comunicação sem fios 5G. O fluxo do trabalho do projeto pode ser visto no fluxograma da Figura 3.1.

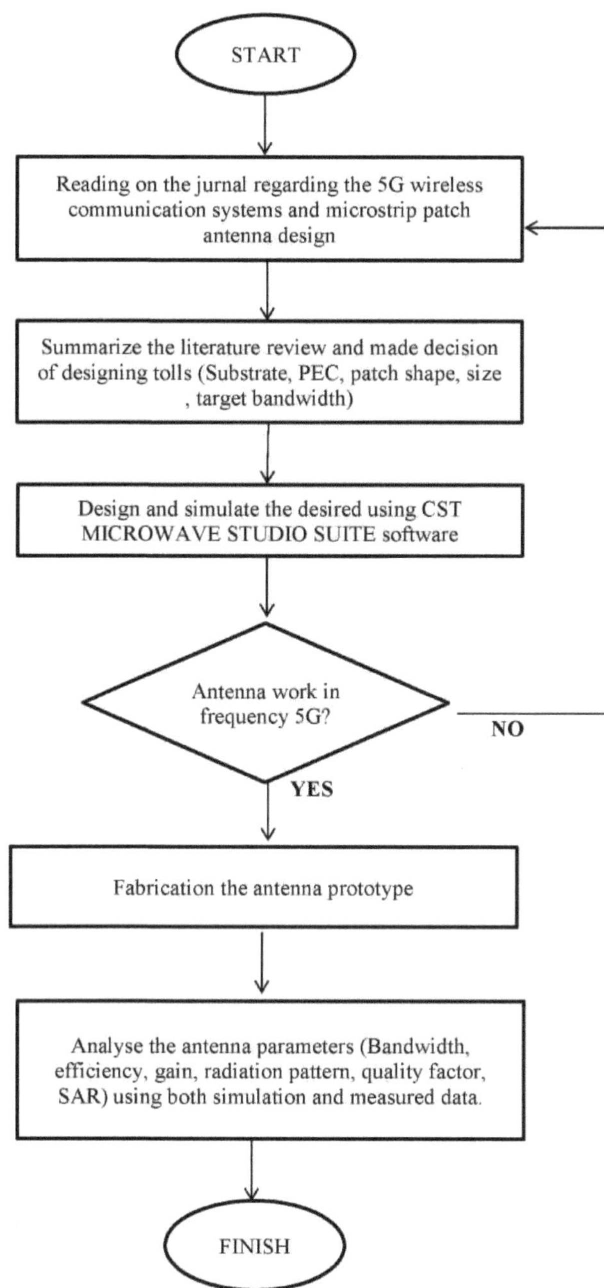

Figura 3.1 Fluxograma do projeto

3.2   ESPECIFICAÇÕES E PARÂMETROS DA ANTENA

Para conceber uma antena, é necessário ter em conta alguns parâmetros. Os parâmetros que são importantes são a frequência de ressonância, a perda de retorno e o VSWR, o ganho da antena, a eficiência e o padrão de radiação.

No sistema de comunicações sem fios 5G, diz-se que a antena deve funcionar a partir da frequência da banda c, que é de 6 GHz e superior, pelo que a frequência de ressonância pretendida para a antena proposta é de 6 GHz. Uma frequência inferior não é aceitável porque não é adequada para 5G. A perda de retorno pretendida para a antena proposta é inferior a -10 dB, porque é o valor aceitável para um bom desempenho da antena. Na prática, não é possível ter uma antena sem perdas devido às perdas. O ganho da antena pode ser descrito como a potência transmitida numa direção. O ganho da antena proposta está definido para ser maior ou igual a 4 dBi. Uma antena de elevada eficiência significa que tem o máximo de potência à entrada para irradiar, enquanto uma de baixa eficiência significa que tem o máximo de potência absorvida como perda. A antena proposta está definida para ter uma eficiência de 75%, porque essa quantidade de eficiência é adequada para uma boa antena.

Atualmente, o progresso contínuo das comunicações sem fios faz com que os dispositivos sejam cada vez mais compactos. Para a aplicação da antena proposta, que se espera venha a ser utilizada no sistema de comunicações móveis, pretende-se uma antena de tamanho compacto. Espera-se que a antena a desenvolver seja pequena e compacta em tamanho e leve em peso. Espera-se que uma antena para aplicação em dispositivos de comunicação portáteis irradie em todas as direcções, uma vez que permitirá uma utilização óptima dos dispositivos. Assim, o padrão de radiação pretendido para a antena proposta é omnidirecional, uma vez que consideramos que esta antena se destina a dispositivos compactos e portáteis. Alguns estudos indicam que, para que uma antena seja pequena, é necessário utilizar uma constante dieléctrica ou um material de substrato. O tipo de substrato dielétrico utilizado é o FR-4 porque proporciona um bom ganho de antena, eficiência e redução de tamanho, como indicado na Tabela 2.7. A Tabela 3.1 resume as características e os parâmetros da antena para este projeto.

Tabela 3.1 Especificações e parâmetros da antena

Antenna Characteristics	5G antenna
Operating Frequency Band	6 GHz and above
Return Loss / VSWR	$\leq$ -10dB / $\leq$ 2.0
Input Impedance	50 Ω
Gain	$\geq$ 4 dBi
Efficiency	$\geq$ 75%
Profile	Small, Compact and Planar
Weight	Light
Polarization	Linear
Radiation Patterns	Omni-directional
Substrate	Fr4

3.3 CONCEPÇÃO DA ANTENA

O projeto proposto é uma antena de microfita retangular que utiliza o material de substrato FR4. A antena é alimentada por uma linha de microfita com uma impedância de entrada simples de 50 ohms. A antena funcionará a uma frequência de ressonância de 6 GHz com uma perda de retorno inferior ou igual a -10 dB e uma eficiência de 75%.

A forma retangular é escolhida por ser mais fácil de conceber. A antena tem três camadas, a saber, o remendo, o substrato e o plano de terra. O remendo e o plano de terra da antena são feitos de cobre. A altura do remendo, h = 0,035 mm como a altura do plano de terra, enquanto a altura do substrato, hs = 1,5 mm e a permissividade do substrato, εr = 4,3. Este valor é o material de antena comum que pode ser obtido no mercado. A espessura da antena pode ser vista na Figura 3.2

Tabela 3.2 Dimensão da espessura da antena

No.	Dimension	Value (mm)
1	Height of patch, h	0.035
2	Height of Substrate, h_s	1.57
3	Height of ground plane, h	0.035

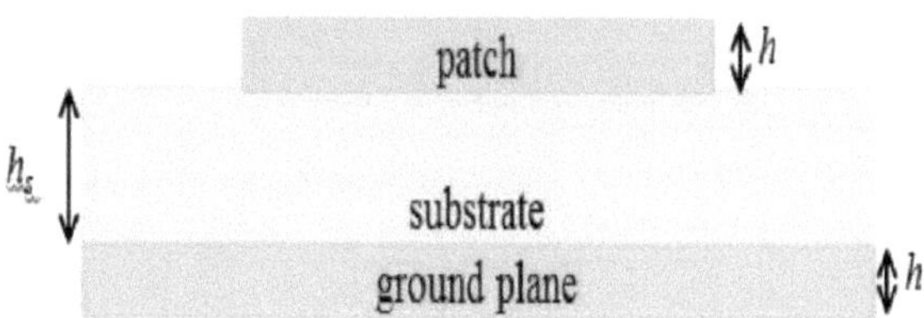

Figura 3.2   Espessura da antena

As dimensões da antena são calculadas utilizando a equação matemática do ponto 3.3.1 para uma frequência de ressonância de 6 GHz. O valor final não é o valor exato calculado porque foram feitas algumas alterações para obter um melhor desempenho da antena após o estudo dos parâmetros das dimensões da antena. A antena é alimentada por uma linha de alimentação microstrip com uma impedância de entrada simples de 50 ohms (Ω). A linha de alimentação está localizada no lado da largura do patch. O espaço entre o remendo e a linha de alimentação é proposto para uma melhor perda de retorno. O plano de terra é concebido utilizando um sistema de ligação à terra parcial para aumentar a largura de banda da antena. A configuração da antena proposta é apresentada na Figura 3.3.

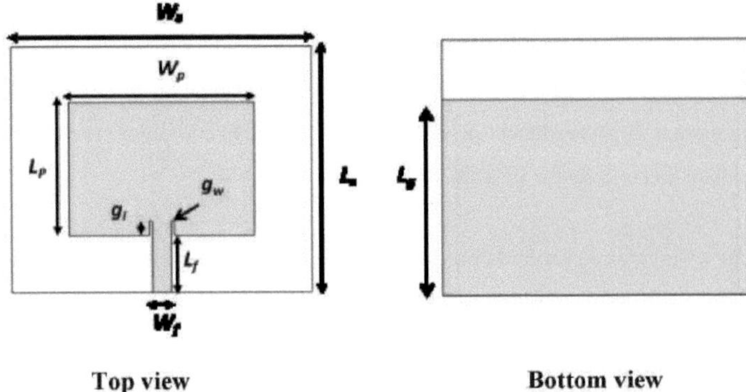

Figura 3.3   Configuração da antena de microfita proposta

Quadro 3.3 Legendas

NO.	LEGEND	SUBJECT
1	Ws	Substrate Width
2	Ls	Substrate Length
3	Wp	Patch Width
4	Lp	Patch Length
5	gw	Gap Width
6	gl	Gap Length
7	Wf	Width of Feed Line
8	Lf	Length of Feed Line
9	Lg	Length of Ground Plane

3.3.1 Cálculo da dimensão

Largura da mancha (W):
$$W = \frac{Co}{2fr}\sqrt{\frac{2}{\varepsilon r + 1}}$$

Comprimento da amostra (L):

$$\frac{\Delta L}{h} = 0.412 \, \frac{(\varepsilon reff + 0.3)\left(\frac{W}{h} + 0.264\right)}{(\varepsilon reff - 0.258)\left(\frac{W}{h} + 0.8\right)},$$

$$L = \frac{Co}{2fr\sqrt{\varepsilon reff}} - 2\Delta L$$

Comprimento e largura da placa de massa:

$$Lg = 6h + L$$
$$Wg = 6h + W$$

Permissividade efectiva do substrato:

$$\varepsilon reff = \frac{\varepsilon_r + 1}{2} + \frac{\varepsilon_r - 1}{2}\left[1 + 12\frac{h}{W}\right]^{-\frac{1}{2}}$$

Gap: $g = \frac{1}{90}\left(\frac{W}{\lambda o}\right)^2, \quad \lambda o = \frac{Co}{fr}$

Comprimento da linha de alimentação:

$$Lf = \frac{\lambda g}{4}, \qquad \lambda g = \frac{C}{f\sqrt{\varepsilon r}}$$

1.1.2 Fenda de ar

Propõe-se um par de fendas de ar localizadas ao lado da linha de alimentação microstrip. A lacuna está a funcionar para reduzir a perda de retorno. A perda de retorno é elevada quando se utiliza apenas o comprimento e a largura, pelo que não é preferível para aplicações. Para diminuir a perda de retorno, é necessária uma antena maior, mas, mais uma vez, não é adequada para a aplicação, uma vez que se espera que esta antena seja compacta e que a dimensão já não siga o cálculo. Em primeiro lugar, é utilizado o valor calculado e, em seguida, é efectuado um estudo dos parâmetros da largura da fenda para determinar a melhor largura a utilizar. Teoricamente, quanto mais pequena for a abertura, menor será a perda de retorno.

3.3.3 Sistema de ligação à terra parcial

É proposto um sistema de ligação à terra parcial com a antena para melhorar a largura de banda da antena. Não é apenas a forma e o material do substrato que podem causar alterações nas características da antena, as dimensões do plano de terra também causam alterações visíveis.

A redução do plano de terra pode melhorar a correspondência de impedância e aumentar a largura de banda da antena de retalho retangular. Como no sistema de comunicação 5G, espera-se uma largura de banda maior. É necessário um sistema de ligação à terra parcial. O resultado mostra que a ligação à terra parcial dá melhores resultados do que a ligação à terra total. Um sistema de ligação à terra parcial também ajuda a manter o tamanho compacto da antena, uma vez que, se for utilizado o sistema de ligação à terra total, é necessário um tamanho de antena maior para funcionar a uma frequência de ressonância de 6 GHz.

3.4   ESTUDOS DE PARÂMETROS

O estudo dos parâmetros é efectuado para obter as dimensões desejadas da antena. Isto deve-se ao facto de, eventualmente, os valores calculados não darem o melhor resultado. O estudo é efectuado em relação ao comprimento e à largura da mancha, ao comprimento e à largura do substrato, à largura da fenda e à largura da linha de alimentação microstrip. A dimensão calculada é a indicada na Tabela 3.4.

Tabela 3.4 Dimensões calculadas da antena

Dimension	Value (mm)
Wp	15.36
Lp	12.05
Ws	24.78
Ls	21.47
Wf	1.176
Lf	6.028
g	1.048

A partir da dimensão calculada acima, os valores estão a variar para estudos de parâmetros. O objetivo deste estudo é obter o melhor resultado de desempenho da antena e compreender quais as gamas de valores em que a antena perderá o seu desempenho.

A primeira dimensão a estudar é o comprimento do substrato. Apenas o comprimento do substrato está a variar e a outra dimensão é mantida constante como o valor calculado. A variação do comprimento é a seguinte Tabela 3.5

Tabela 3.5 Variação do comprimento do substrato

No.	Length (mm)
1	19.47
2	20.47
3	21.47
4	22.47
5	23.47

O estudo da largura do substrato é apresentado no Quadro 3.6

Tabela 3.6 Variação da largura do substrato

No.	Width (mm)
1	20.78
2	22.78
3	24.78
4	26.78
5	28.78

O comprimento e a largura da mancha são os indicados na Tabela 3.8 e na Tabela 3.8, respetivamente. Tal como anteriormente, as outras dimensões são mantidas como as calculadas no início.

Tabela 3.7 Variação do comprimento do patch

No.	Length (mm)
1	10.05
2	11.05
3	12.05
4	13.05
5	14.05

Tabela 3.8 Variação da largura da mancha

No.	Width (mm)
1	13.36
2	14.86
3	16.36
4	17.86
5	19.36

A largura da fenda proposta varia de acordo com a Tabela 3.9. Como de costume, a outra dimensão é mantida como calculada.

Tabela 3.9 Variação da largura da fenda

No.	Width (mm)
1	1.048
2	1.548
3	2.048
4	2.548
5	3.048

Por último, a largura da linha de alimentação microstrip varia de acordo com a Tabela 3.10

Tabela 3.10 Variação da largura da linha de alimentação de microfita

No.	Width (mm)
1	0.176
2	0.676
3	1.176
4	1.676
5	2.176

A simulação é efectuada para todos os valores dos parâmetros. O resultado é visto no coeficiente de reflexão da antena. O melhor resultado é então resumido para obter a dimensão desejada da antena. A antena está a ser desenvolvida utilizando o resultado desejado do estudo dos parâmetros.

3.5   SIMULAÇÃO DE ANTENA

Antes de desenvolver a antena, é importante que esta seja simulada utilizando qualquer software de antenas disponível no mercado. Para este projeto, é utilizado o software CST MICROWAVE STUDIO SUITE. No CST, a antena planar na área de aplicação de micro-ondas é selecionada com o processo de simulação no domínio do tempo. A unidade de milímetros (mm) foi escolhida para as dimensões e a unidade de giga-hertz (GHz) para a medição da frequência.

O domínio do tempo é definido com uma precisão de -25 dB. Isto deve-se ao facto de -25 dB ser a medida adequada para a antena. A correspondência de impedância é feita através da otimização da linha de alimentação. O campo distante também é selecionado a partir do monitor de campo, uma vez que é necessário ver o padrão de radiação. O resultado do coeficiente de reflexão, da eficiência, do ganho e do padrão de radiação é analisado. O resultado da simulação pode ser visto no próximo capítulo.

3.6   FABRICO E MEDIÇÃO DE ANTENAS

O fabrico da antena é efectuado após a conclusão do processo de simulação e a obtenção do valor desejado. No caso deste projeto, a fabricação é feita no Laboratório de Fabricação JKEES, na Faculdade de Engenharia e Ambiente Construído.

O processo de fabrico pode ser resumido como no fluxograma abaixo.

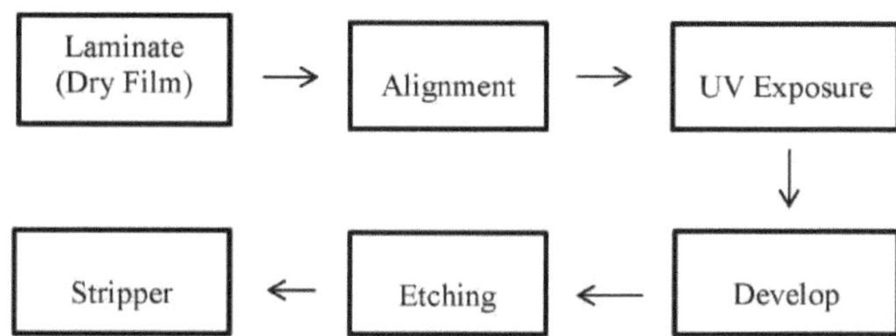

Figura 3.4 Fluxograma do processo de fabrico da antena numa só face

Após o fabrico, a antena é medida no laboratório de micro-ondas utilizando o analisador de rede PNA. Este equipamento pode medir muitos parâmetros da antena, mas para este projeto apenas são indicados o coeficiente de reflexão, a eficiência e o ganho da antena. Para o padrão de radiação, a antena é medida num laboratório especializado chamado Satimo Near Field Measurement Laboratory. O resultado da medição é registado e pode ser visto no capítulo seguinte.

CAPÍTULO 4

RESULTADOS E DEBATES

4.1   INTRODUÇÃO

Neste capítulo, os resultados do projeto são discutidos em pormenor, incluindo a simulação e o fabrico. O resultado do estudo dos parâmetros é analisado em primeiro lugar para uma dimensão de antena desejada. O resultado do coeficiente de reflexão, das eficiências, dos ganhos e do padrão de radiação é comparado entre a simulação e o fabrico.

4.2   RESULTADOS DA SIMULAÇÃO

4.2.1 Resultado do estudo dos parâmetros

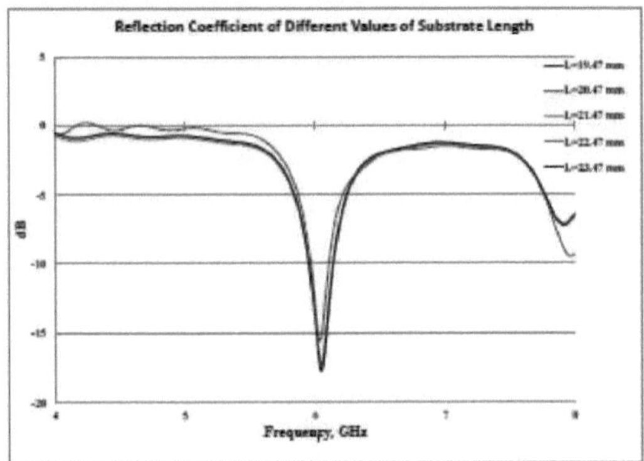

Figura 4.1 Coeficiente de reflexão de diferentes valores de comprimento do substrato

A partir da Figura 4.1 Coeficiente de reflexão de diferentes valores de comprimento do substrato, o coeficiente de reflexão de todos os comprimentos testados é inferior a -15 dB a uma frequência de ressonância de 6 GHz. Assim, qualquer comprimento de substrato entre 20 mm e 24 mm pode ser utilizado para o comprimento de substrato pretendido. No entanto, a perda de retorno será maior quando for utilizado um comprimento maior.

O resultado do estudo de parâmetros para a largura do substrato é apresentado na Figura 4.2

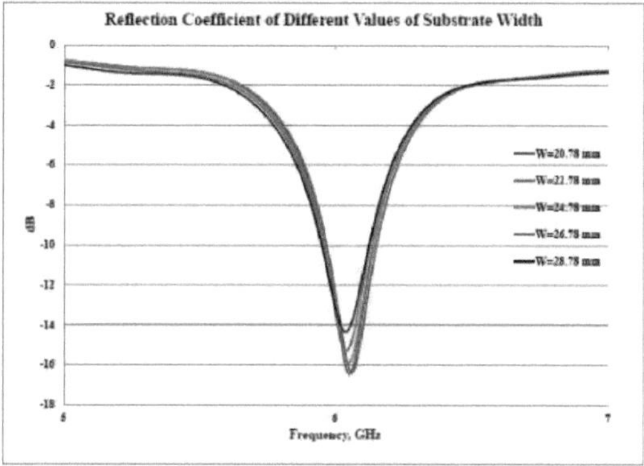

Figura 4.2 Coeficiente de reflexão de diferentes valores da largura do substrato

A partir da Figura 4.2, o valor da largura do substrato pode ser de 20 mm a 25 mm, uma vez que o coeficiente de reflexão indica um valor inferior a -15 dB na frequência de ressonância de 6 GHz. A largura superior a 25 mm não é preferível, uma vez que o coeficiente de reflexão se degradará à medida que a largura aumentar.

Os resultados do estudo dos parâmetros do comprimento da mancha são apresentados na Figura 4.3

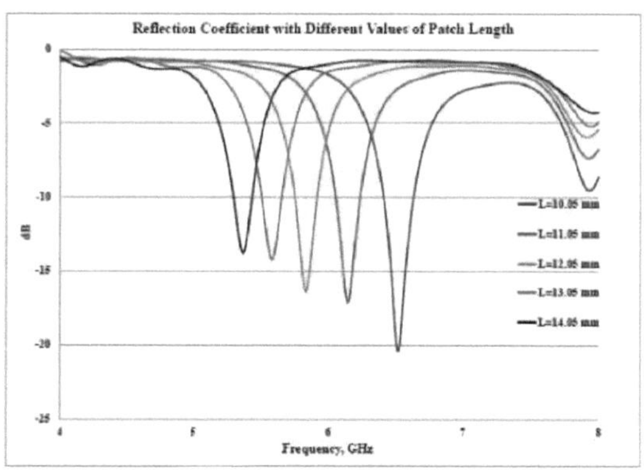

Figura 4.3 Gráfico do coeficiente de reflexão dos diferentes valores do comprimento da amostra

A partir da Figura 4.3, para uma frequência de ressonância de 6 GHz, o comprimento da mancha deve ser de 10 mm a 12 mm. Quando o comprimento é de 12,05 mm, o gráfico começa a deslocar-se para a esquerda, dando assim uma frequência de ressonância mais baixa. No entanto, um comprimento inferior a 10,05 mm também não é desejável, uma vez que resultará numa frequência de ressonância superior a 6 GHz. Quanto maior for o comprimento da mancha, menor será a frequência de ressonância.

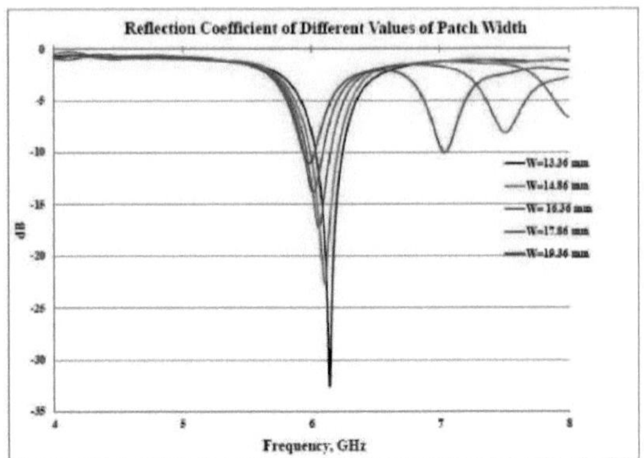

Figura 4.   4Gráfico do coeficiente de reflexão de diferentes valores da largura da mancha

A Figura 4.4 mostra que todos os gráficos entram em ressonância na frequência de 6 GHz. No entanto, à medida que o comprimento aumenta, o gráfico diminui. Com um comprimento de 19,36 mm, o coeficiente de reflexão é próximo de -10dB. Pode concluir-se que, se for utilizada uma largura superior, o resultado degrada-se. Assim, o patch pode ter um comprimento que varia entre 13 mm e 16 mm.

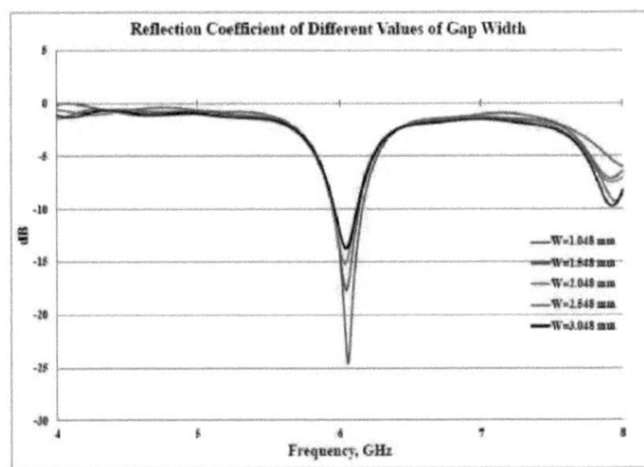

Figura 4.5 Gráfico do coeficiente de reflexão de diferentes valores da largura do intervalo

O gráfico da Figura 4.5 mostra que todos os valores de fenda dão um coeficiente de reflexão à frequência de ressonância de 6 GHz. No entanto, quanto maior for a largura da fenda, maior será o gráfico. Em conclusão, quanto menor for a abertura, melhor.

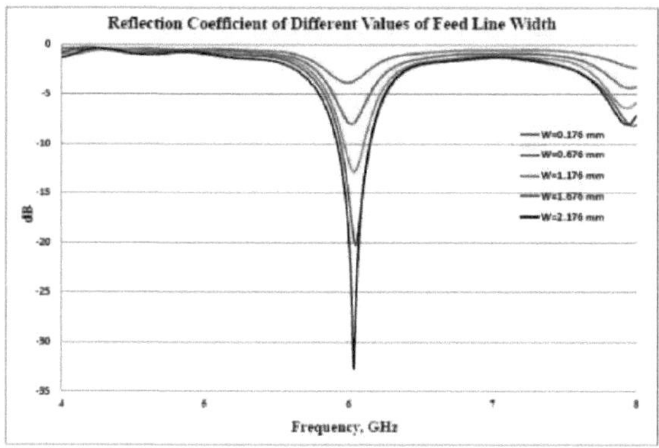

Figura 4.6 Gráfico do coeficiente de reflexão de diferentes valores da largura da linha de alimentação

A partir da Figura 4.6 pode ver-se que quando W= 1,176 mm, o coeficiente de reflexão dá um valor de -13 dB. E a largura inferior a 1,176 mm, o gráfico é quase 0, o que não é bom para o projeto da antena. Eventualmente, o gráfico dá um bom resultado quando W= 1,676 mm e W= 2,176 mm. Assim, a largura desejada da linha de alimentação é o valor algures entre 1,5 mm e 2 mm.

4.2.2 Conceção da antena

A partir dos resultados dos estudos dos parâmetros, a dimensão desejada da antena é obtida e finalizada. O resultado da configuração da antena e da dimensão da antena é apresentado na Figura 4.7 e na Tabela 2.1. A antena é então simulada.

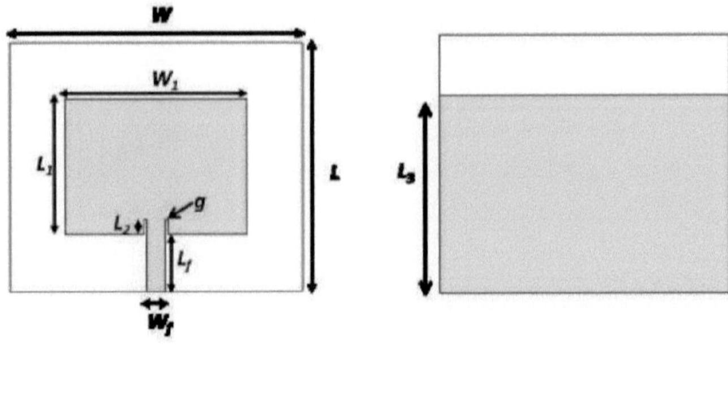

Figura 4.7 Configuração desejada da antena proposta

Tabela 4.1 Dimensões finais da antena

No.	Antenna Dimension	Value (mm)
1	Substrate Width (W)	24.63
2	Substrate Length (L)	20.83
3	Patch Width (W_1)	15.21
4	Patch Length (L_1)	11.34
5	Slot Length (L_2)	1.249
6	Microstrip Line Width (W_f)	1.50
7	Microstrip Line Length (L_f)	5.9590
8	Gap Width (g)	0.5
9	Ground Plane Length (L_3)	15.88

4.2.3 Coeficiente de reflexão

O coeficiente de reflexão é a medida da potência reflectida pela antena. Quanto mais elevado for o S11, mais potência é reflectida pela antena, pelo que é irradiada menos potência. O resultado desejado é uma antena com um coeficiente de reflexão tão baixo quanto -25dB.

A partir da Figura 4.8, o coeficiente de reflexão ou parâmetro S11 da antena proposta é de -20 dB a 6 GHz. Isto significa que a antena funciona melhor na frequência de 6 GHz. A antena acabará por perder metade da potência entre as frequências de 5,7 GHz e 6,4 GHz, sendo o coeficiente de reflexão de -3 dB. A antena quase não funciona no resto da frequência, pois o S11 está próximo de 0 dB. Em teoria, a 0 dB toda a potência é reflectida pela antena, o que significa que não há potência irradiada.

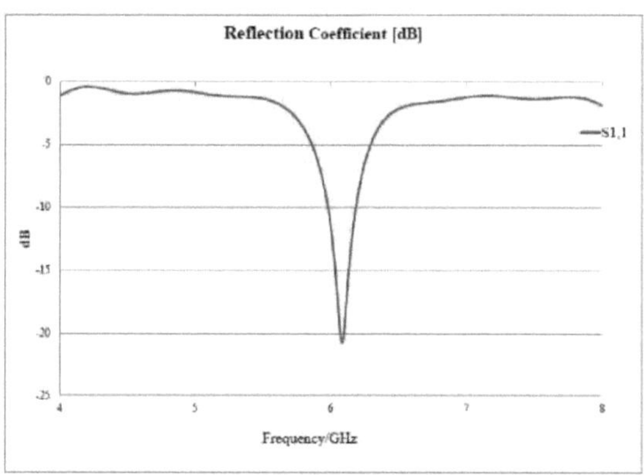

Figura 4.8 Gráfico do Coeficiente de Reflexão da antena proposta

A partir da figura acima, também podemos conhecer a largura de banda da antena, que é de 300 MHz de 5,9 GHz a 6,2 GHz. A largura de banda é a medida da gama de frequências abaixo de - 6 dB.

4.2.4 Eficiência

A eficiência da antena é um parâmetro muito importante no desenvolvimento de uma antena, uma vez que indica a potência irradiada pela antena. A eficiência da radiação pode ser medida como o rácio entre a potência irradiada e a potência de entrada, enquanto a eficiência total é a eficiência da radiação multiplicada pela perda de incompatibilidade da impedância da antena. Quanto maior for a eficiência, melhor será o desempenho da antena. A Figura 4.9 mostra a eficiência de radiação e a eficiência total da antena proposta.

A 6 GHz, o gráfico da eficiência de radiação é de 0,43 e o gráfico da eficiência total é de 0,4. O resultado mostra que o valor da eficiência de radiação é ligeiramente superior ao da eficiência total. Como a eficiência é geralmente descrita em percentagem, o valor obtido é simplesmente multiplicado por 100%. Assim, o resultado foi dado pela eficiência de radiação da antena é 43% enquanto a eficiência total da antena é 40%.

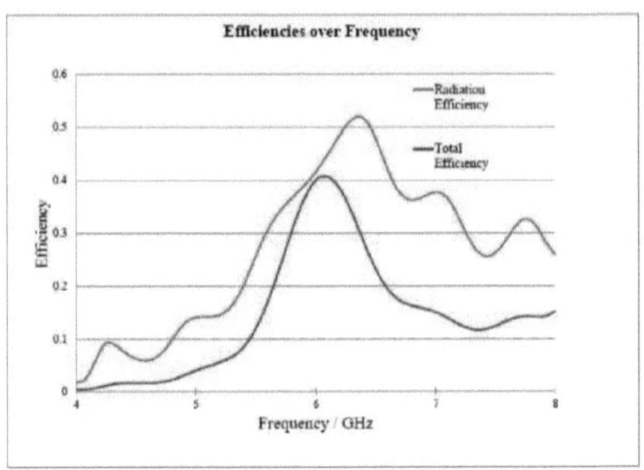

Figura 4.9 Gráfico das eficiências da antena

4.2.5 Ganho

O ganho é uma medida da potência da antena. Quanto maior for o ganho, maior é a potência da antena. O ganho

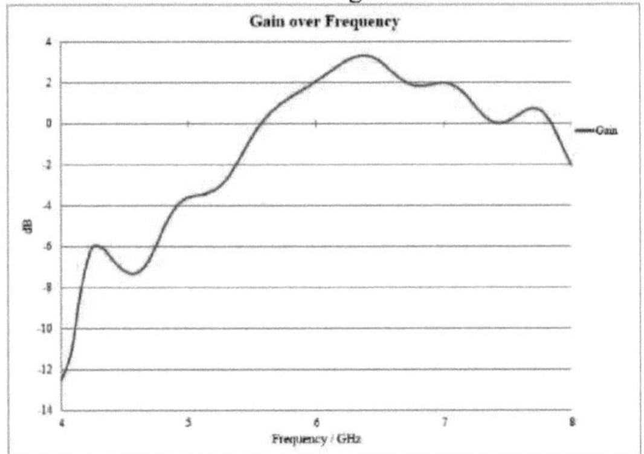

A Figura 4.10 Ganho da antena proposta abaixo mostra o ganho da antena proposta.

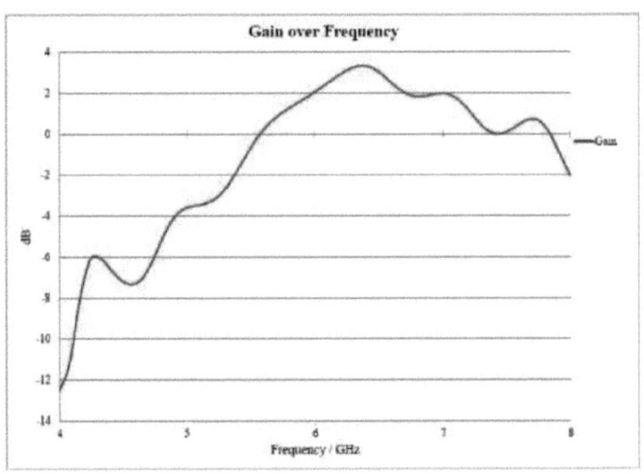

Figura 4.10 Ganho da antena proposta

A partir da figura, podemos ver que a antena tem um ganho de 2,1 dBi a 6 GHz. O valor obtido é bom, tendo em conta o tipo de antena. Uma antena de remendo terá um ganho inferior a 4 dBi, pelo que 2,1 dBi é um bom valor. Além disso, esta antena é omnidirecional e a sua directividade é baixa. A directividade está relacionada com o ganho através da fórmula $G = \varepsilon r D$. Assim, o ganho é baixo porque a directividade é baixa. De acordo com a investigação anterior, uma antena omnidirecional terá um ganho máximo de 3 dBi.

4.2.6 Padrão de radiação

A Figura 4.11 e a Figura 4.12 mostram o padrão de radiação 2D e 3D da antena.

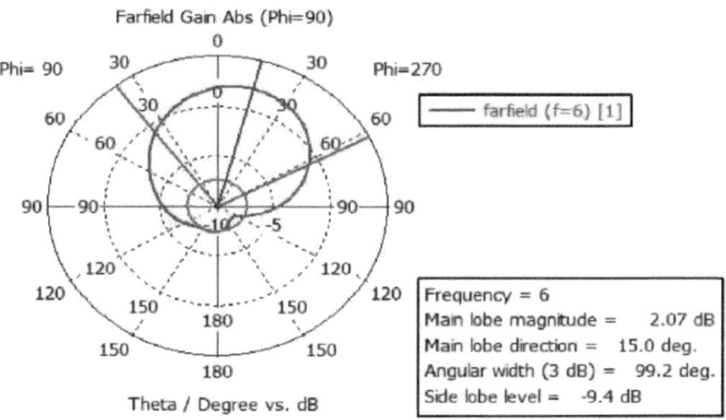

Figura 4.11 Padrão de radiação 2D da antena

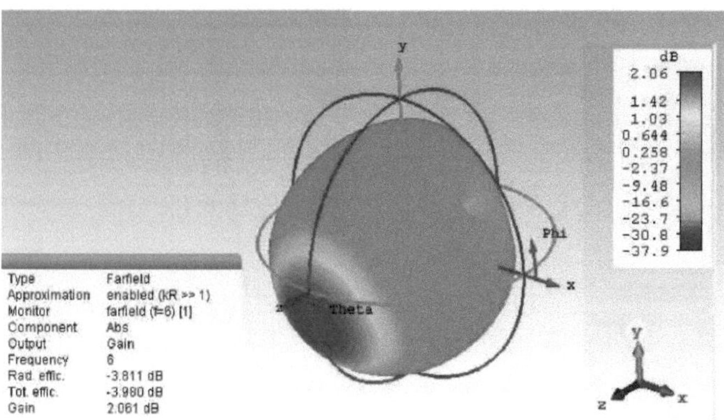

Figura 4.12 Padrão de radiação 3D da antena

A partir do gráfico, podemos ver que a antena tem um padrão de radiação omnidirecional. Omnidirecional significa que a antena pode irradiar em todas as direcções. O padrão é bom, tendo em conta que a antena será utilizada na aplicação de dispositivos portáteis. Na aplicação de dispositivos portáteis, a omnidireccionalidade é desejada.

4.3 RESULTADOS MEDIDOS

4.3.1 Coeficiente de reflexão

Neste projeto, o coeficiente de reflexão da antena é o parâmetro mais importante a ter em conta, uma vez que este parâmetro determinará se a antena pode ser utilizada a 6 GHz.

Figura 4.13 Medição do coeficiente de reflexão da antena desenvolvida

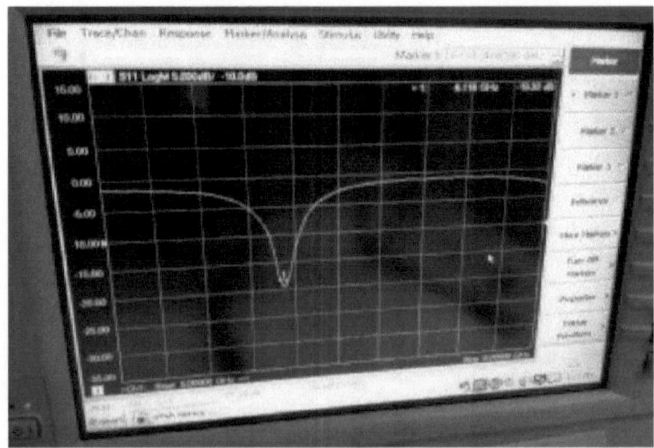

Figura 4.14 Coeficiente de reflexão da antena desenvolvida

A partir da Figura 4.13 e da Figura 4.14, o coeficiente de reflexão da antena desenvolvida é de -19,33 dB na frequência de 6,118 GHz. Assim, a partir de agora, é utilizado o valor de 6,2 GHz. O valor é bastante semelhante ao valor da simulação. Sabe-se que a antena funciona melhor a esta frequência. Quanto aos objectivos do projeto, a antena desenvolvida terá de funcionar no sistema de comunicação sem fios 5G, que, através de investigação, indicou que a frequência 5G será de 6 GHz e superior.

A largura de banda da antena é de 300 MHZ. Embora a largura de banda da antena não cumpra os requisitos do 5G, que necessita de uma largura de banda de 1 GHz ou superior, o valor da largura de banda continua a ser um bom resultado do projeto. Uma largura de banda de 300 MHz é considerada elevada para uma antena de circuito impresso porque se diz que a antena de circuito impresso tem uma largura de banda muito estreita. Segundo a investigação, para que a largura de banda da antena de adesivo seja ampla, a antena tem de ser espessa e maior. O objetivo deste projeto é propor uma antena de tamanho compacto, pelo que, com o tamanho reduzido proposto, a largura de banda é considerada grande e adequada para aplicações.

4.3.2 Eficiência

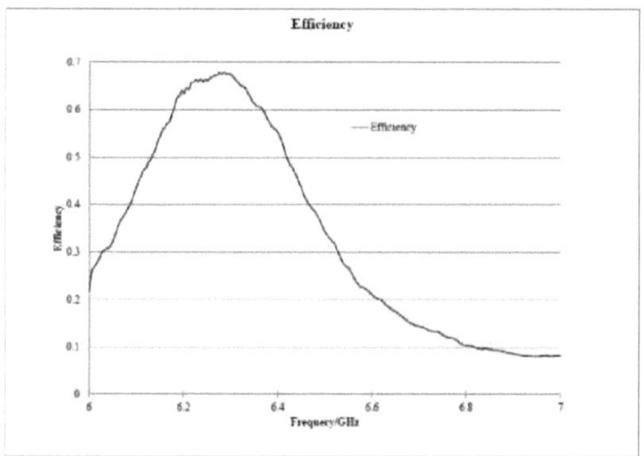

Figura 4.15 Gráfico da eficiência medida

A partir da Figura 4.15, a eficiência da antena desenvolvida é superior a 50% na frequência de ressonância de 6,2 GHz. Este valor corresponde ao valor da eficiência total da antena. Este valor é superior ao valor da simulação. Na prática, a eficiência obtida é boa para o desempenho da antena, tendo em conta o tipo, o tamanho e a aplicação da antena. Os estudos indicam que os telemóveis ou as antenas Wi-Fi têm normalmente uma eficiência de 20%-70%. Embora a eficiência obtida não seja a esperada, o resultado é suficientemente bom para as aplicações da antena.

4.3.3 Ganho

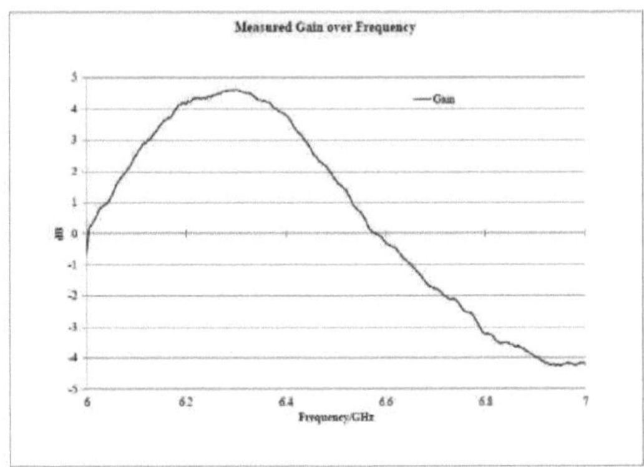

Figura 4.16 Gráfico do ganho medido da antena

O ganho da antena é superior a 4 dBi à frequência de 6,2 GHz. Este valor é superior ao simulado, cujo ganho é de 2,1 dBi à frequência de ressonância de 6 GHz. O ganho é a potência de radiação da antena. Este valor de ganho da antena medido é considerado elevado para uma antena de microstrip patch.

4.3.4 Padrão de radiação

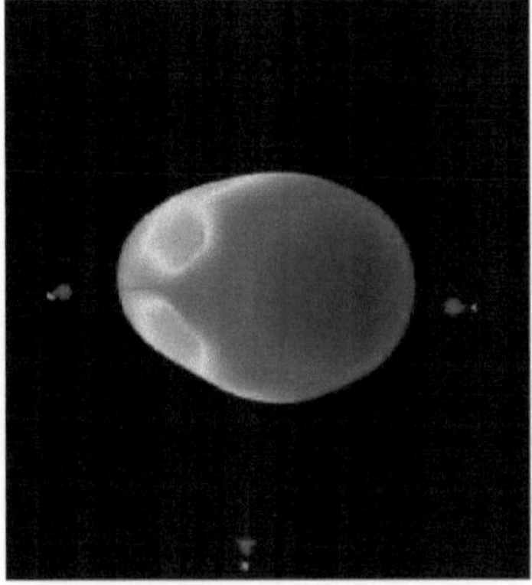

Figura 4.17 Padrão de radiação da antena a 6,1 GHz

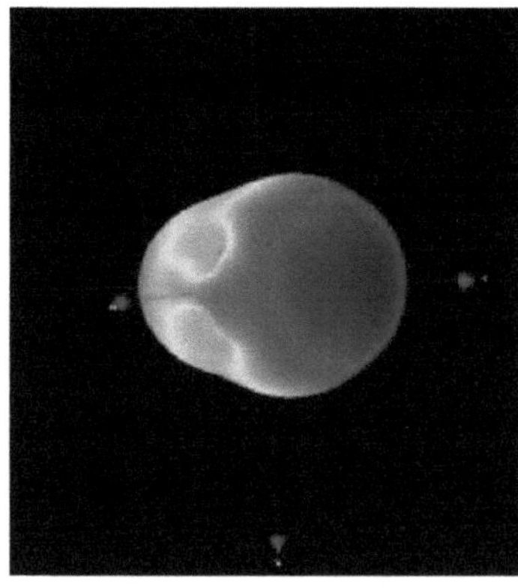

Figura 4.18 Padrão de radiação à frequência de 6,15 GHz

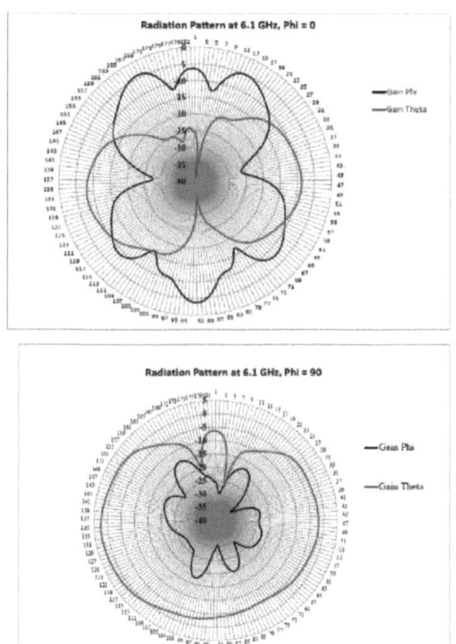

Figura 4.19 Gráfico do padrão de radiação da antena a 6,1 GHz quando Phi a 0 e 90, respetivamente

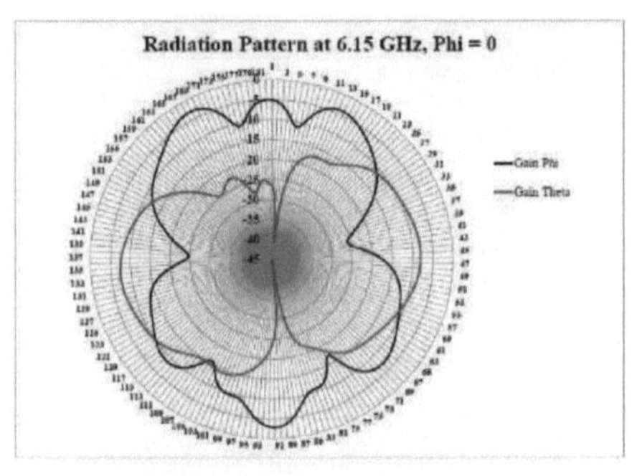

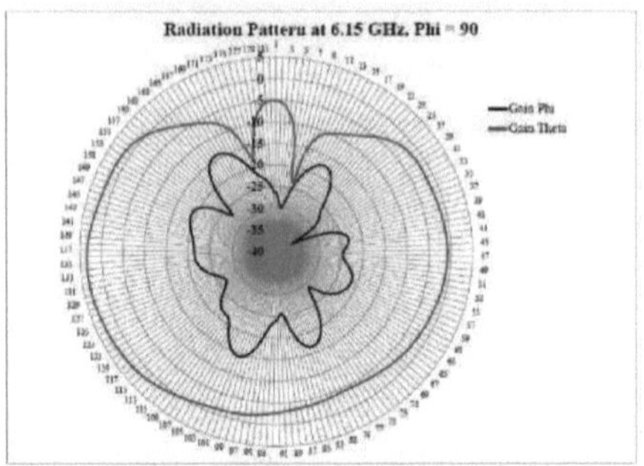

Figura 4.20 Gráfico do padrão de radiação a 6,15 GHz quando phi é 0 e 90

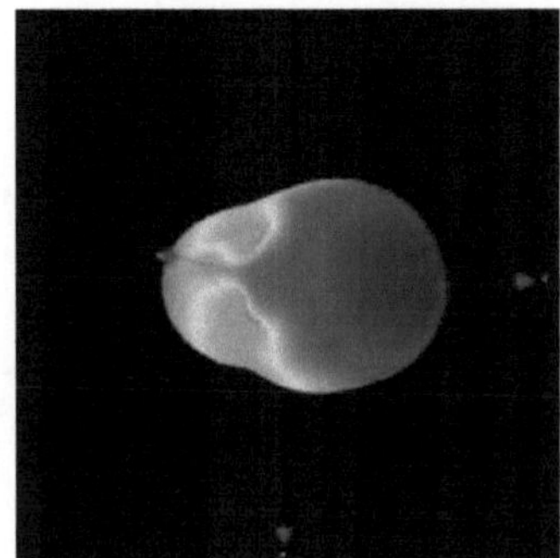

Figura 4.21 Padrão de radiação a 6,2 GHz

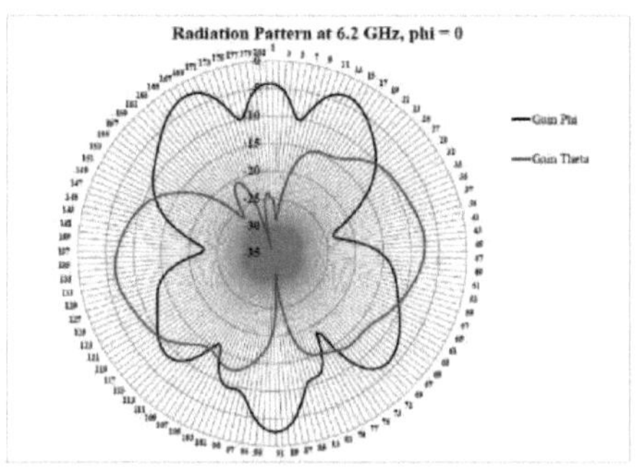

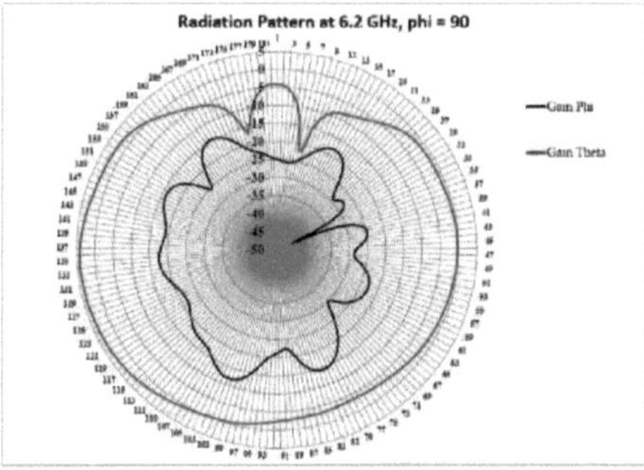

Figura 4.22 Gráfico do padrão de radiação a 6,2 GHz quando phi é 0 e 90

O padrão de radiação é outro parâmetro importante na conceção de uma antena. A antena proposta tem um padrão de radiação omnidirecional, tanto na antena simulada como na antena fabricada. A omnidireccionalidade indica que a antena irradia em todos os ângulos. Na prática, a antena não terá uma forma redonda perfeita do padrão de radiação.

4.4 APLICAÇÕES

A antena desenvolvida terá a aplicação de:
- Sistema de comunicação
- Redes de sensores
- Radar e imagiologia
- Posicionamento e seguimento
- Rede corporal sem fios

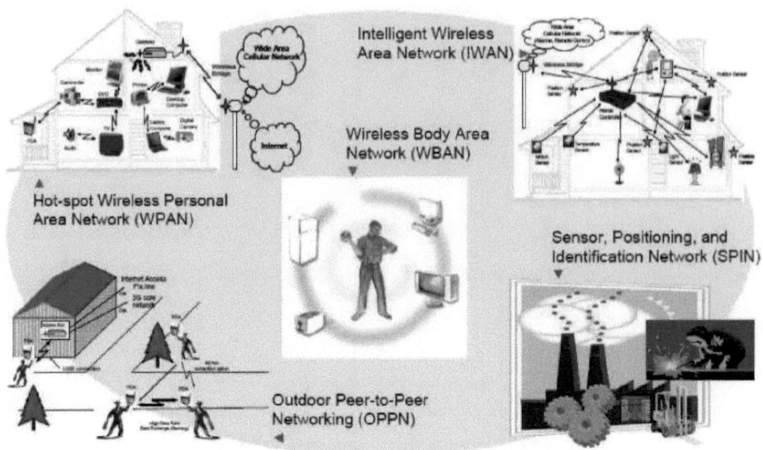

Hot-spot Wireless Personal
Area Network (WPAN)
Intelligent Wireless
Area Network (IWAN)
Wireless Body Area
Network (WBAN)
Sensor, Positioning, and
Identification Network (SPIN)
Outdoor Peer-to-Peer
Networking (OPPN)

CAPÍTULO 5

CONCLUSÃO

5.1   INTRODUÇÃO

Neste capítulo, são salientadas as conclusões retiradas do projeto. Os problemas encontrados durante o trabalho do projeto e as sugestões para o trabalho futuro também são discutidos. As conclusões são tiradas a partir do resultado global do projeto. Os problemas encontrados são os problemas que fizeram com que o projeto corresse mal e se atrasasse. As sugestões para o trabalho futuro são a parte em que se enumera o trabalho futuro que pode ser feito para melhorar o trabalho do projeto.

5.2   CONCLUSÃO

Neste trabalho de projeto, os objectivos são alcançados com sucesso. O primeiro objetivo é estudar os parâmetros da antena 5G, como as gamas de frequência, a largura de banda, o ganho e o padrão de radiação. Após alguma pesquisa, as características e os parâmetros da antena para 5G podem ser concluídos para ter uma largura de banda elevada para taxas de dados mais rápidas. A frequência de ressonância do 5G é de 6 GHz, acima da qual a banda C é normalmente indicada e utiliza ondas milimétricas. Para obter taxas de dados mais elevadas, é necessário um ganho mais elevado. E para obter taxas de transferência máximas, é necessário um padrão de radiação com um padrão omnidirecional.

O segundo objetivo do projeto é conceber e desenvolver uma antena compacta para o sistema de comunicações 5G. Uma antena retangular de microfita é projetada usando o material de substrato FR-4 com dielétrico de 4,3. A antena tem comprimento, $L = 11,34$ mm e largura, $W = 15,21$ mm. A antena de microfita é escolhida porque é fácil de conceber, tem um perfil baixo e é leve. Isto fará com que a antena seja compacta em termos de tamanho. A antena de microfita está a tornar-se popular nas aplicações de comunicações sem fios para antenas de dispositivos portáteis. O patch de microfita também é amplamente utilizado na região de frequência de micro-ondas. O FR-4 é escolhido porque tem uma constante dieléctrica baixa, uma vez que, segundo a investigação, uma constante dieléctrica mais elevada resulta numa largura de banda estreita e menos eficiente de uma antena. A antena tem três camadas, a saber, a mancha de microfita, o substrato e o plano de terra. A altura da placa e do plano de massa é de 0,035 mm, enquanto a altura do substrato é de 1,5 mm. O remendo e o plano de terra são feitos de cobre. A antena é proposta utilizando uma técnica de plano de terra parcial e um intervalo. A antena é alimentada com uma impedância de entrada simples de 50 Ω. A linha de alimentação está localizada no lado da largura do patch.

O terceiro objetivo do projeto é analisar o parâmetro da antena patch microstrip desenvolvida para o sistema de comunicação 5G. A antena desenvolvida opera numa frequência ressonante de 6,2 GHz com eficiência de mais de 50%. A antena tem uma largura de banda de 300 MHz, ganho de mais de 4 dBi e padrão de radiação omnidirecional. Os parâmetros da antena acima indicam que a antena pode funcionar a 5G.

5.3   PROBLEMAS ENCONTRADOS

Foram encontrados vários problemas durante o trabalho do projeto. O primeiro problema é o facto de não ter sido realizada qualquer investigação anterior que possa comprovar um sistema de comunicação 5G. Por outras palavras, as características reais do sistema 5G ainda são desconhecidas, as características encontradas são apenas a teoria e a expetativa do 5G por muitos investigadores. No entanto, estas teorias podem ser aceites tendo em conta a falta de um sistema 4G e a procura das pessoas em todo o mundo.

Em segundo lugar, existem muitos modelos de antenas que foram desenvolvidos em todo o mundo. Cada conceção de antena tem as suas próprias vantagens e desvantagens, tendo em conta o seu tipo e as suas aplicações. Assim, o problema encontrado nesta parte é que nenhuma antena específica pode ser considerada a melhor e a pior, uma vez que todas as antenas dependem do tipo e das aplicações.

5.4   SUGESTÕES DE TRABALHO FUTURO

No futuro, é necessário melhorar a calibração juntamente com a melhoria da tecnologia. Há algumas sugestões de trabalho que precisam de ser feitas no futuro.

1) Trabalhos de investigação sobre frequências de ressonância mais elevadas. Isto deve-se ao facto de, no futuro, a procura de uma taxa de dados mais rápida ser elevada. A taxa de dados está relacionada com a largura de banda da antena e a largura de banda está relacionada com a frequência de ressonância da antena. Quanto mais elevada for a frequência de ressonância, mais elevada pode ser a largura de banda.

2) Utilização de um material de substrato diferente. Existem muitos tipos de materiais de substrato utilizados no desenvolvimento de antenas, desde o material simples até ao material

complexo denominado meta-material. O trabalho pode ser efectuado em qualquer substrato desejado. Isto deve-se ao facto de o material do substrato ter uma permissividade dieléctrica e de este valor da permissividade dieléctrica afetar o desempenho da antena. Assim, o desempenho da antena pode ser observado.

REFERÊNCIA

Abhishek Viswanathan e Rajasi Desai. 2014. Aplicando a técnica de solo parcial para melhorar a largura de banda de uma antena de patch de microfita circular UWB. *Revista Internacional de Pesquisa Científica e de Engenharia (IJSER)*, pg. 780-784

Antonius Irianto, St.Mt. 2005. CAPÍTULO 3 ANTENAS DE PADRÃO MICROSTRIP. pg. 31-47

Anzar Khan e Rajesh Nema. 2012. Análise de Cinco Substratos Dielétricos Diferentes em Antena de Patch Microstrip. *Revista Internacional de Aplicações Informáticas 55*(18). pg.7-12

Aruna Rani e A.K. Gautam. 2011. Melhoria no ganho e na largura de banda do patch carregado com ranhura retangular e U, Jornal Internacional de Ciência da Computação (IJCSI), Vol.8 Edição 6, pg. 283-288

B. K. Ang e B. K. Chung. 2007. Uma antena de patch de microfita em forma de E de banda larga para comunicação sem fio de 5-6 GHz, *Progress in Electromagnetics Research PIER 75*. Pg. 397-407

D. Orban e G.J.K. Moernaut. 2005. The Basics of Patch Antennas. *Orban Microwave Inc.* pg. 1-9

David Alvarez Outerelo, Ana Vazquez Alejos, Manuel Garcia Sanchez, Maria Vera Isasa. 2015. Antena de microfita para comunicações de banda larga 5G: Visão geral das questões de design. *Publicações da Conferência IEEE.* pg. 2443-2444

Kiran Jain, Keshav Gupta. 2014. Uso de diferentes substratos na antena de patch de microfita - uma pesquisa. *Revista Internacional de Ciência e Pesquisa (IJSR)* Volume 3 Edição 5, maio de 2014. pg. 1802-1803

Pankaj Sharma. 2013. Evolução das Redes de Comunicação Móvel Sem Fios - 1G a 5G, bem como Perspetiva Futura da Rede de Comunicação da Próxima Geração. *IJCSMC*, Vol. 2, Issue. 8, agosto de 2013. pg 47 - 53

Mohamed Mamdouh M. Ali, Osama Haraz1, Saleh Alshebeili e Abdel-Razik Sebak. 2016. Antena de slot impressa de banda larga para a quinta geração (5G) de comunicações móveis e sem fio. *Publicações da Conferência do IEEE.* pg. 1-2

Mohamed Nabil Sfiri, Mourad Meloui e Mohamed Essaaidi. 2010. Antena de Patch com Fenda Retangular para Aplicações de 5-6 GHz. *Jornal Internacional de Micro-ondas e Tecnologia Ótica 5*(2). pg. 52-57

Sra. Rakhi e Sra. Sonam Thakur. 2014. Análise de desempenho de antenas de patch de diferentes formas a 2,45 GHz. *Jornal Internacional de Pesquisa e Tecnologia em Engenharia (IJERT)* 3(9).pg. 83-86

Muhammad Aamir Afridi. 2015. Antena de patch de microfita - projetando na frequência de 2,4 GHz. *Pesquisa Biológica e Química.* pg. 128-132

Naveen Kumar, Abhishek Thakur, Jitender Sharma. 2013. Estudo da Antena Planar Invertida-F (PIFA) para Dispositivos Móveis. *IJECT* Vol. 4, Issue SPL - 3, abril - junho 2013. pg. 83-85

Osama M. Haraz, Mohamed Mamdouh M. Ali, Saleh Alshebeili e Abdel-Razik Sebak4. 2015. Projeto de uma antena de slot impressa de banda dupla de 28/38 GHz para as futuras redes de comunicação móvel 5G. *Publicações da Conferência IEEE.* pg. 1532-1533

Sukmandeep Singh. 2015. Simulação de Projeto de Antena de Patch de Microstirp Retangular para

Aplicações em Banda C. *Jornal Internacional de Ciência Inovadora, Engenharia e Tecnologia (IJISET)*. pg. 64-67

Sumanpreet Kaur Sidhu, Jagtar Singh Sivia. 2015. Comparação de diferentes tipos de antena de patch de microfita. *Jornal Internacional de Aplicações Informáticas, ICAET*. pg. 12-16

Swati Shrivastava e Abhinav Bhargava. 2014. A Comparative Study of Different Shaped Patch Antennas With and Without Slots. *Jornal Internacional de Desenvolvimento e Investigação em Engenharia (IJEDR)* 2(3). pg. 3306-3312

Vinita Mathur e Manisha Gupta. 2014. Comparação das características de desempenho de antenas de patch de microfita retangulares, quadradas e hexagonais. *3ª Conferência Internacional sobre Confiabilidade, Tecnologias de Infocomunicação e Otimização (ICRITO)*. pg. 1-6

Wonbin Hong, Kwang-Hyun Baek, Youngju Lee, Yoongeon Kim e Seung-Tae Ko. 2014. Estudo e prototipagem de sistemas de antena mmWave em escala praticamente grande para dispositivo celular 5G. *Revista IEEE Communications*, setembro de 2014. pág. 63-69

yes
I want morebooks!

Buy your books fast and straightforward online - at one of world's fastest growing online book stores! Environmentally sound due to Print-on-Demand technologies.

Buy your books online at
www.morebooks.shop

Compre os seus livros mais rápido e diretamente na internet, em uma das livrarias on-line com o maior crescimento no mundo! Produção que protege o meio ambiente através das tecnologias de impressão sob demanda.

Compre os seus livros on-line em
www.morebooks.shop